核与辐射安全科普系列丛书之七

电磁辐射

环境保护部核与辐射安全中心　编著

中国原子能出版社

图书在版编目（CIP）数据

电磁辐射 / 环境保护部核与辐射安全中心编著 .
—北京 : 中国原子能出版社 , 2015.12
（核与辐射安全科普系列丛书）
ISBN 978-7-5022-7036-0

Ⅰ . ①电… Ⅱ . ①环… Ⅲ . ①电磁辐射 – 普及读物
Ⅳ . ① O441.4-49

中国版本图书馆 CIP 数据核字 (2015) 第 315514 号

电磁辐射（核与辐射安全科普系列丛书）

出版发行　中国原子能出版社（北京市海淀区阜成路 43 号　100048）
策划编辑　付　凯
责任编辑　刘　岩
装帧设计　井晓明　赵　杰
责任校对　冯莲凤
责任印刷　潘玉玲
印　　刷　北京新华印刷有限公司
经　　销　全国新华书店
开　　本　710 mm × 1000 mm　1/16
印　　张　3
字　　数　57 千字
版　　次　2015 年 12 月第 1 版　2017 年 10 月第 2 次印刷
书　　号　ISBN 978-7-5022-7036-0　　　　定　价　20.00 元

订购电话：010-68452845　

《核与辐射安全科普系列丛书》编委会

《电磁辐射》编写人员

主　编

蒋秋岩　邢劲松

编　委

戴文博　张　瀛　王桂敏　刘瑞桓　张　露

总　序

日本福岛核事故后，核电的安全性再一次在全球范围内引起广泛关注，但大多数公众对核能的认知还是停留在事故和灾难的阴影中。核电的社会接受度问题成为核能发展的重要瓶颈。就我国而言，还存在着公众对核与辐射知识匮乏，科普工作较为滞后，公众参与程度较低，信息公开透明程度不够，有效的信息反馈机制缺失等问题。因此，创新和完善核与辐射安全科普宣传体系和手段，提升核与辐射安全科普宣传实效，是提升国民科学素养，营造核电良好外部发展环境，提高公众对核电发展的接受度的有效途径，对促进核电事业安全高效发展具有重要意义。

为普及核与辐射安全知识，增强科普培训的针对性和有效性，国家核安全局核设施安全监管司委托环境保护部核与辐射安全中心制作针对不同对象的包括多媒体演示课件和配套文字资料的科普培训系列材料。经项目组多次讨论研究，目前该系列材料分为核能、核电、核燃料循环辐射环境影响和管理、核燃料循环、辐射防护、核技术利用、电磁辐射、核与辐射安全监管和核与辐射应急九篇，后续将根据需求进行续编。

本培训材料编写的目的，首先是让普通公众喜爱看，然后是看得懂，最后达到信任的目的，这是编写过程中一以贯之的理念。为保证科学性（写准），实用性（针对性），趣味性（喜闻乐见），编写过程中力求通过“三化”，即“专业化、通俗化、图示化”来实现上述“三性”。此外还要注意处理好专业与通俗，全面与片面，严肃与活泼，风险与利益，编写人的认知与公众的认知的平衡；同时结合时事热点，收集网络上错误的观点，通过反面问题来说明；尝试在编写中体现艺术感，具有一定的审美意识，表达核安全文化的人文关怀，这是更高一层的要求。

核能发展，科普先行，只有让更多的人走近核能、了解核能、信任核能——这一高效、清洁的非碳能源，核能才能实现高效安全的健康发展。

由于时间仓促，加之编写组实践经验和认识水平有限，难免有错误或不当之处，衷心盼望有关专家和广大读者不吝赐教，提出宝贵意见，以便改正。

《核与辐射安全科普系列丛书》编委会

2015年12月10日

序　一

随着文明的发展，人类在环境和能源问题上面临重大挑战，寻求清洁、高效、可靠的新能源势在必行。2015年联合国发展峰会上，中国发出了“探讨构建全球能源互联网，推动以清洁和绿色方式满足全球电力需求”的倡议，阐明了中国发展清洁能源的立场。为应对能源形势的新挑战，我国“十三五”规划中将能源结构调整作为下一阶段发展的主要着力点。积极推进能源供给侧改革，必须倚重清洁能源技术。核电作为清洁能源中一种成熟的基础能源，在改革进程中必将发挥重要作用。

积极推进核电建设不仅是我国重要的能源战略，也是国家“一带一路”和“走出去”战略的客观需求。近年来，我国风电、水电、太阳能等清洁能源和可再生能源获得突飞猛进的发展，但核电装机总量却仍处于低位。目前我国在运核电装机容量仅占电力总装机容量的2%左右，而一些发达国家则远高于此。如核电占比世界第一的法国，其核电装机容量占比高达77.7%，韩国为34.6%，俄罗斯为18%，美国将近20%。即便顺利实现规划目标——到2020年，我国在运在建核电总装机容量达到8 800万千瓦，其在我国能源总规模中占比仍然不大。为此，必须积极推进核电的安全高效发展。

我国运行核电机组安全业绩良好，迄今未发生国际核事件分级（INES）2级及其以上的运行事件，运行指标普遍处于世界核电运营者协会（WANO）中值以上，核设施周边环境辐射水平处于正常范围，核电厂的核辐射安全都处于受控状态。即便如此，仍然有许多公众对核与辐射安全不够了解，甚至存有误解。自日本福岛事故以来，人们似乎谈“核”色变，一方面斥责火电高能耗、高污染，一方面对核电的安全性存在顾虑。与此同时，国家对维护公众在重大项目中的知情权、参与权和监督权也愈加重视，公众意见已成为核能及相关项目能否落地的决定性因素之一。多方因素表明，核与辐射安全相关的科普宣传及与公众的沟通亟待加强。

《核与辐射安全科普系列丛书》首次从监管的视角，立足于核与辐射安全，从多个角度较为系统、全面地介绍了核能利用及其监管、核与辐射安全相关知识。系列丛书分为核能、核电、核燃料循环辐射环境影响和管理、核燃料循环、辐射防护、核技术利用、电磁辐射、核与辐射安全监管以及核与辐射应急等九个部分，丛书坚持以科学性为本，兼顾趣味性和通俗性，图文并茂，深入浅出。语言、示例贴近生活，形象又不失准确；数据、结论来源权威，审慎且不失活泼。为大家了解核能、核技术及核与辐射安全提供了一套较为容易“读懂”的读物。

写一套好的科普读物并非易事，好的科普书在于唤起公众的兴趣、提升人文情怀和传播正能量，相信这套丛书将把核电的安全和环保介绍给公众，更促进我国核电的安全高效发展。同时希望读者多提宝贵意见和建议，以便及时修订完善。最后，衷心感谢编者们为我国核能利用发展、公众沟通和环境保护所做的努力和贡献。

序 二

正处在工业化、城镇化发展阶段的中国，在追求经济发展同时也肩负生态文明建设的艰巨任务，可靠、稳定、安全、清洁、低碳的电力供应是国家经济发展和生活稳定的必要条件。面对环境治理和气候变化的挑战，安全、高效地发展核电是中国走向能源清洁化、低碳化的重要选择。核能利用，是一种大规模产生能源的方式，神奇但是并不神秘，如果管理得当，它将为我们带来巨大的社会效益。然而，就在我国意在大力发展核电的同时，却遭遇到了重重阻力。2016年4月1日，习近平在第四届华盛顿核安全峰会上的讲话中说，“学术界和公众树立核安全意识同样重要。我们还要做好核安全知识普及，增进公众对核安全的理解和重视。”国家核安全局局长李干杰曾指出，目前核电发展面临的最大的问题、最大的约束和瓶颈，不是技术问题，而是公众沟通、公众可接受度的问题。

公众对核与辐射安全的接受度与其对核与辐射安全的认知、态度、行为有着极其重要的关系。改变及提升公众的认知、态度、行为，必须开展行之有效的公众沟通工作，而科普宣传则是公众沟通工作中重要的一环。核与辐射事件和事故作为当前重要的突发环境事件，如果处置不当，就可能引发远超事故本身影响范围的社会公共事件，科普宣传开展的好坏直接影响涉及或参与事件人的反应，成为影响事件应对好坏的关键所在。比如2009年河南杞县的卡源事件最终演变为大规模的公众恐慌事件，究其主要原因是公众对放射源知识的缺乏。我国虽然很早就开展了核能和核技术开发利用工作，但长期以来对核与辐射安全文化的宣传和培育不足，大多数人的核与辐射知识十分匮乏，加上一些不恰当的宣传和误导，给核科学技术蒙上了一层神秘的面纱，公众对于核与辐射极度敏感，谈核色变。

《核与辐射安全科普系列丛书》从核能、核电、核燃料循环辐射环境影响和管理、核燃料循环、辐射防护、核技术利用、电磁辐射、核与辐射安全监管以及核与辐射应急九个方面，用尽可能通俗易懂的语言全面、系统地将核能与核技术利用的方方面面进行了讲解。

当然，由于在专业性和通俗性的统一上，存在一定的难度，该系列丛书难免会有一些瑕疵和不足，但是编者们在核与辐射安全知识科普工作中表现出的社会责任感和探索精神值得尊崇。且这类科普读物正是目前我国核电发展和社会公众所急需的，希望大家通过阅读这套丛书，既能认识到核能和核技术造福人类的巨大价值，同时也能正确理解核与辐射对环境和人类的影响及其潜在危害性，增强理性应对涉核事件事故的能力，促进核能与核技术更好地造福于人类。

潘自强

前　言

本书由三部分内容组成，分别为“电磁场的世界”“主要电磁设施的环境影响”“电磁环境的管理及公众关注问题”共三章。

第一章电磁场的世界，以电磁场的发现和利用过程为切入点，随后介绍了电磁场的基本概念，电磁场的来源、生物效应、对人体健康影响、电磁场的标准及制定依据。力图告诉公众，符合我国目前的电磁环境标准，其电磁场不会对人体产生有害影响。

第二章主要电磁设施的环境影响，较详细的介绍了公众最常接触的移动通信系统、高压输变电工程的工作原理，产生电磁场的频率、特点，以及相应国内外标准限值等，采用世界卫生组织（WHO）的官方说法，使公众正确认识电磁辐射。此部分还简要其他电磁设施，包括广播电视发射设施、卫星雷达、轨道交通系统以及工科医设备的电磁环境影响。

第三章电磁环境的管理及公众关注问题，首先简要介绍了我国电磁环境的监督管理情况；其后对公众关注的，但是不属于环保部门管理的电磁问题进行了回答，包括家用电器的电磁环境影响等问题。

本书由蒋秋岩、邢劲松主编，戴文博、张瀛、王桂敏、刘瑞桓、张露参与编写。其中第一章第一节由蒋秋岩执笔；第一章第二节由邢劲松执笔；第一章第三节、第四节由刘瑞桓执笔；第二章第一节、第二节由王桂敏执笔；第二章第三节由张瀛执笔；第三章第一节由张露执笔；第三章第二节由戴文博执笔。

目 录

第一章 电磁场的世界

第一节　电磁成长史

电与磁是大自然中一直存在的现象，例如闪电与磁石。人类很早就知道运用电与磁来改善生活，如我国早在战国时期就用天然磁铁矿石琢成一个杓形，放在一个刻着方位的光滑盘上，利用磁铁指南的作用辨别方向，即司南（见图1-1），是现在所用指南针的始祖。

图1-1　司南

1831年，法拉第发现了著名的电磁感应定律，此后电磁场的利用越来越深入。1875年，巴黎北火车站建成世界上第一座火电厂，为附近照明供电。1876年，亚历山大-格莱厄姆-贝尔发明了有线电话。1888年赫兹用试验装置验证了麦克斯韦预言电磁波存在的理论，由此证明了电磁波的存在。第一次以电磁波传递信息是1896年意大利的马可尼开始的，1901年马可尼又成功地将信号送到大西洋彼岸的美国。

20世纪无线电通信更有了异常惊人的发展。1906年圣诞节前夜，美国的费森登和亚历山德逊在纽约附近设立了一个广播站，并进行了有史以来第一次广播。1945年，美国工程师珀西·勒巴朗·斯本塞发明了微波炉（见图1-2）。1957年，苏联工程师库普里扬诺维奇发明最初的手机；1973年4月，美国著名的摩托罗拉公司工程技术员马丁·库帕开发出美国第一部推向民用的手机，马丁·库帕也被称为“现代手机之父”（见图1-3）。1961年8月15日，我国建成第一条电气化铁路——宝成铁路宝（鸡）凤（州）段（见图1-4）。2003年1月4日，世界上第一条高速磁悬浮铁路商业运行线——上海磁悬浮列车示范线（见图1-5），正式开始商业运营。

图1-2　微波炉

图1-3 马丁·库帕

图1-4 宝成铁路

图1-5 上海磁悬浮列车

第二节　几个重要的概念

一、什么是电场

通俗的说，有电压存在就会产生电场，电压越大，产生的电场越大（见图1-6）。

电场强度是表示电场强弱和方向的物理量，用 $\vec{E}$ 表示，单位为伏每米（V/m）。

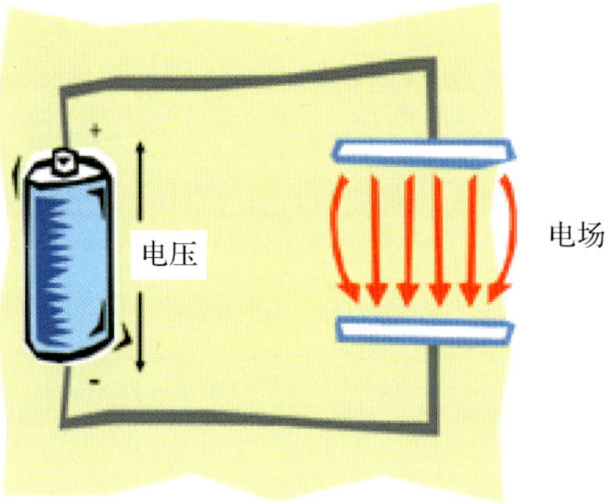

图1-6　电场示意图

二、什么是磁场

通俗的说，有电流通过就会产生磁场，电流越大，产生的磁场越强（见图1-7）。

磁感应强度是表示磁场强弱和方向的物理量，用 $\vec{B}$ 表示，单位为特斯拉(T)。

图1-7　磁场示意图

三、什么是电磁场

变化的电场会产生磁场，变化的磁场则会产生电场。变化的电场和变化的磁场构成了一个不可分离的统一的场，这就是电磁场（见图1-8、图1-9）。

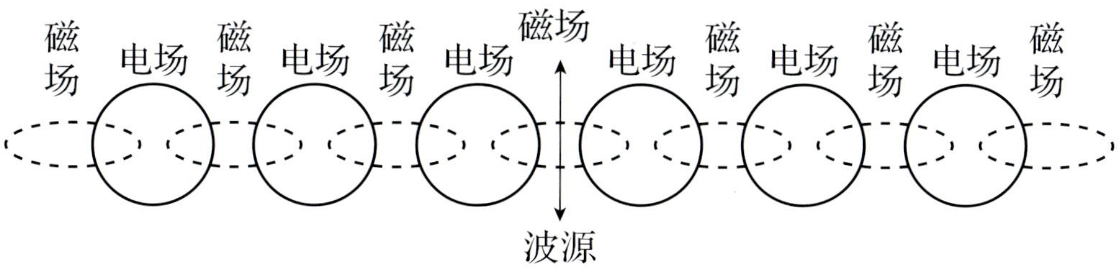

图1-8　电磁场示意图(a)

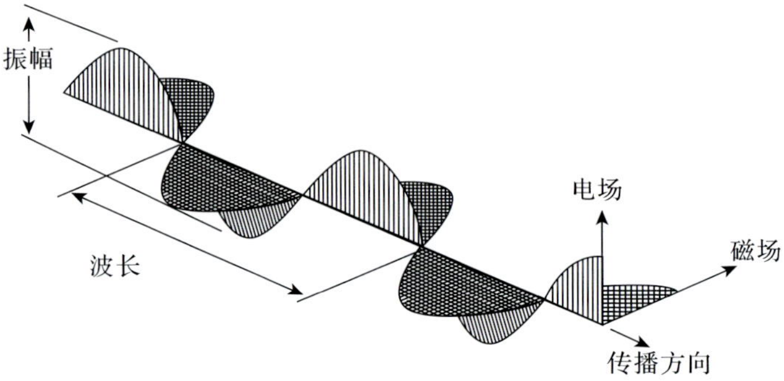

图1-9　电磁场示意图(b)

电磁场以波的形式传播，形成电磁波。电磁波看不见、摸不着，我们可以将电磁波想象成水波的样子。当我们向河中扔一块石子，水面上就会形成以石子入水处为中心、向四周传播的水波（见图1-10）。因为空气及物体对电磁波有吸收、反射的作用，电磁波在空间只能传播到有限范围。

图1-10　水波示意图

四、什么是电磁辐射

我们知道，不断变化的电场和磁场会形成一个向空间传播的电磁波。从专业角度说，电磁辐射一般指频率在3 kHz～300 GHz的电磁波，是由变化的电场和变化的磁场相互作用而产生的一种能量流。广播电视、通信等信号的传输就是利用了电磁辐射的特性。

国标《电工术语 电磁兼容》（GBT4365—2003）中注释："可将电磁感应引申包括在电磁辐射中"。所以，环境保护中的电磁辐射概念包括辐射和感应两方面。

五、什么是电磁波的频率和波长

物质在1秒内完成周期性变化的次数叫做频率，常用 f 表示，单位为赫兹（Hz）。波长通常是指相邻两个波峰或波谷之间的距离，常用 λ 表示，单位为米（m）（见图1-11、图1-12）。

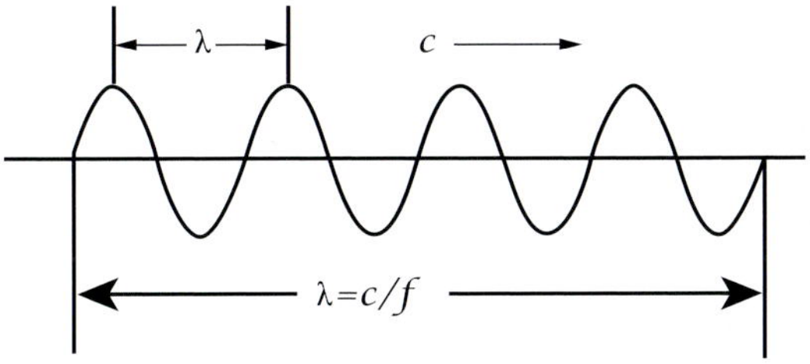

图1-11 频率和波长示意图(a)

图1-12 频率和波长示意图(b)

六、什么是电磁波谱

按照电磁波的频率（或波长）把各种电磁波排列起来，称为电磁波谱（见图1-13）。

按频率从高到低排列，该波谱可以划分为γ射线、X射线、紫外线、可见光、红外线、无线电波、工频电磁场等。尽管γ射线和X射线本质上都属于波长极短的电磁波，但它们属于电离辐射的范畴。

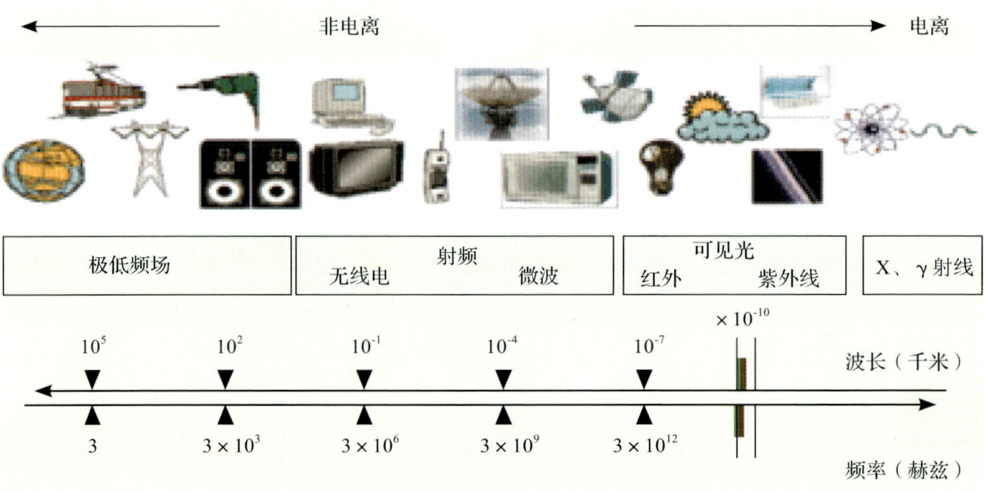

图1-13 电磁波谱示意图

七、什么是功率密度

功率密度是垂直于传播方向上单位截面积上电磁波功率，用S表示，单位为瓦/平方米(W/m^2)。对于频率在30 MHz以上的无线电波一般用功率密度来评价其在环境中的强度。

功率密度是衡量高频电磁场辐射强度的重要指标。

第三节 电磁场对健康有害吗

一、电磁场从哪里来

电磁场看不见、摸不着，却无处不在。生活环境中电磁场的来源可分为天然电磁场和人工电磁场两类。

天然电磁场指的是自然中产生的电磁场。首先，地球本身就是一个大的磁场，不同地理位置的地磁场强度也不相同，一些鸟类和鱼类在迁徙时就是利用地磁场导航的；众所周知，太阳光也会发出的电磁波的一个波段，还有雷电和其他星球产生的电磁波，这些都是自然产生的，人类就是在这种环境中进化，并与自然形成了一种和谐。

随着科学的发展，人类发明了许多利用电磁能工作的设施，这些设施会向环境中发射电磁波或产生电场、磁场。例如，我们的生活用电会产生极低频电磁场，收听广播利用的是无线电波，手机、微波炉利用的是更高频率的微波。

二、电磁场对健康有害吗

电磁场对健康有害吗？这是大家对电磁场普遍关心和困扰的问题。自从十八世纪中后期起，应用于生活中电磁场潜在的健康影响就开始受到了科学界的关注。在二十世纪初期，由于电灯和电话的广泛推广与应用，大家曾普遍担心家庭中的电线及电话线会带来电磁场对健康的影响，但这一情况并没有出现。理解并适应新的技术，做一个科学理性的现代公民，这是我们大家面临的一个重要的与科学素质教育相关的选择，也是科学界和政府部门需要不断提升科学普及的意义所在。

电磁场对健康有害吗？这一问题的回答，不能够直接告诉您“有害”或者“无害”。简单的回答可以说“是否有害要看您的环境监测值是多少，满足了规定的限值标准，就可以认为是无害的”。

三、电磁场的生物效应

生物效应是组织或细胞对刺激或环境改变所产生的可以测量的反应。这些改变对健康不一定有害，就像饮用咖啡或者在闷热的房间里睡觉会使心跳加快一样。电磁场的生物效应是指生物体对电磁场曝露的生理反应。不同频率电磁场的作用机理是不同的。国际非电离辐射防护委员会（ICNIRP）组织专家评述了目前国际上已进行并经过专家认可的科学实验，综述了不同频率电磁场对人体影响的机制。

四、不同频率电磁场对人体的生物效应

（1）在100 kHz以下频率，其对生物体的主要作用机制是在组织中产生感应电流。例如，工频电场能够影响生物体的表面的电荷分布，导致电流从身体向地面流动；工频磁场能够在生物体内产生环状电流。电流的大小由外部的磁场强弱决定。如果外部场强足够大，则产生感生电流会导致神经和肌肉刺激。

（2）100 kHz ~ 10 GHz频段，频率为100 kHz时，主要感觉是神经出现麻刺感，当频率达到10 MHz皮肤就会发热。当频率由10 MHz升高到10 GHz时，发热就成为吸收电磁能的主要效应，主要是全身及局部的热效应。

（3）10 GHz ~ 300 GHz频段，主要作用机制为热效应，但此频段

的电磁场渗入组织的深度非常有限，能量吸收主要发生在体表。

需要指出的是，以上效应只有在电磁场强度足够大（远大于限值）时才会引起，我们一般日常的生活中所能接触的电磁场水平是很低的，不会引起这些反应。

五、不是一回事：电磁辐射与电离辐射

在电磁波谱中，X射线和γ射线具有更高的频率，这些电磁波携带的能量足以破坏分子化学键，能够使物质电离，故称作电离辐射。对于日常生活中利用到的电力、无线电、微波等，由于其处于电磁波谱中频率相对低、波长相对长的一端，它们的光子能量比较低，并不能使物质原子或分子产生电离，故又称为非电离辐射。

第四节　电磁场的标准限值

一、国际电磁场标准

世界卫生组织（WHO）鼓励建立能向全人类提供相同或相似健康保护水平的电磁场限值和其他控制措施。它批准了国际非电离辐射防护委员会（ICNIRP）制定的相关导则，并鼓励成员国采纳这些国际性导则。大多数国家电磁辐射标准也采纳了国际非电离辐射防护委员会导则的建议。

目前，人类还不能精确地确定电磁场曝露限值，那么国际非电离辐射防护委员会是如何确定其推荐的电磁场曝露限值的呢？

首先，以科学资料对健康风险的评估为基础，确定了电磁场曝露阈值。阈值确定的判据是在该水平以上是否发现健康危害。考虑到确定该阈值时可能会存在一些不够精确的因素（该阈值可能偏大或偏小），确定曝露限值时又考虑了一个安全因子。如对应于几Hz至1 kHz频率范围，ICNIRP导则取电磁场曝露阈值的1/10作为职业照射限值，1/50作为公众照射限值。也就是说，在此频段，ICNIRP推荐的标准中，职业照射有10倍的安全裕量，公众照射有50倍的安全裕量。

二、我国的电磁环境标准制定原则

ICNIRP关于电磁辐射曝露限值的推荐标准，是在热效应和即时效应的科学数据基础上制定的。推荐给各个国家参考。世界各国参考该标准制定了等于或严于该标准的国家标准。我国电磁环境标准的制定，采取国际上对未知因素可能产生不利影响而推荐的“谨慎的预防原则”，参考ICNIRP标准并留有一定裕量，制定了比ICNIRP曝露限值更严格的标准。

也就是说，我国的电磁环境标准，比ICNIRP标准留有更大的安全裕度。应该说，如果符合我国目前的电磁环境标准，其电磁场不会对人体产生有害影响。

三、我国现行电磁辐射限值

中华人民共和国国家标准《电磁环境控制限值》（GB 8702—2014）规定了各频率（1 Hz～300 GHz）公众曝露控制水平（见表1-1）。

表1-1 公众曝露控制限值

频率范围	电场强度 E/V m^{-1}	磁场强度 H/Am^{-1}	磁通密度 B/μT	等效平面波功率密度 S_{eq}/Wm^{-2}
1～8 Hz	8 000	32 000/f^2	40 000/f^2	—
8～25 Hz	8 000	4 000/f	5 000/f	—
0.025～1.2 kHz	200/f	4/f	5/f	—
1.2～2.9 kHz	200/f	3.3	4.1	—
2.9～57 kHz	70	10/f	12/f	—
57～100kHz	4 000/f	10/f	12/f	—
0.1～3 MHz	40	0.1	0.12	4
3～30 MHz	67/$f^{1/2}$	0.17/$f^{1/2}$	0.21/$f^{1/2}$	12/f
30～3 000 MHz	12	0.032	0.04	0.4
3 000～15 000 MHz	0.22$f^{1/2}$	0.000 59$f^{1/2}$	0.000 74$f^{1/2}$	f/7 500
15～300 GHz	27	0.037	0.092	2

不同频率公众曝露控制水平不同。对于移动通信基站，电磁辐射公众曝露控制水平为0.4瓦每平方米（W/m^2）。

对于高压输变电工程，电场强度和磁感应强度的公众曝露控制水平分别为4千伏每米（kV/m）和0.1毫特（mT），架空输电线路下的耕地、园林、牧草地、畜禽饲养场、养殖水面、道路等场所，其频率50 Hz的电场强度的控制限值为10千伏每米（kV/m）。

第二章

主要电磁设施的环境影响

第一节　通信基站的辐射大吗

一、通信时代的家园：在遥远的地方听你的微笑

移动通信是指移动体之间或移动体与固定体之间的通信，通信中至少有一方可移动。移动通信系统主要包括移动交换机、通信基站和手机，如图2-1所示。

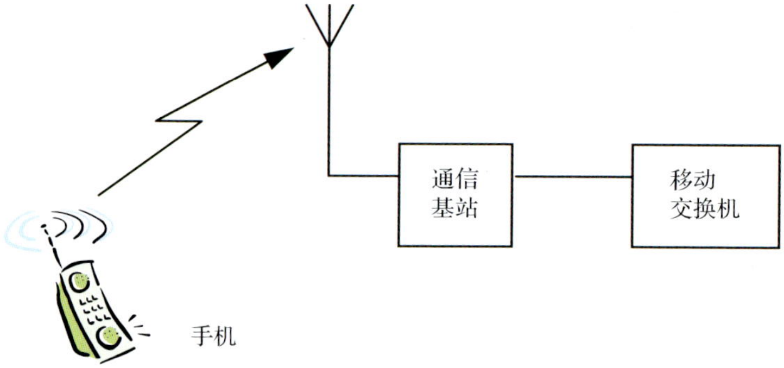

图2-1　移动通信系统示意图

目前，现代移动通信系统经历了四代（1 G～4 G）的发展，从第一

代到第四代移动通信系统，其通信制式都发生了变化，越来越先进、智能，功率越来越低，其辐射水平总体来说也是越来越小的。

二、通信基站长什么样

基站的天线一般使用定向天线，采取三扇区配置，即每个基站有三个天线板，每个天线板水平方向覆盖范围为120°。这样，基站信号就能够在其周围形成360°的全向覆盖（见图2-2、图2-3）。

对于城区基站，由于用户量大，基站密集，为避免相邻基站出现干扰，一般会降低发射功率，减小覆盖范围。城区基站的覆盖半径一般为300～500米，郊区一般为1公里到几公里，覆盖公路和山区的基站可达十几公里。

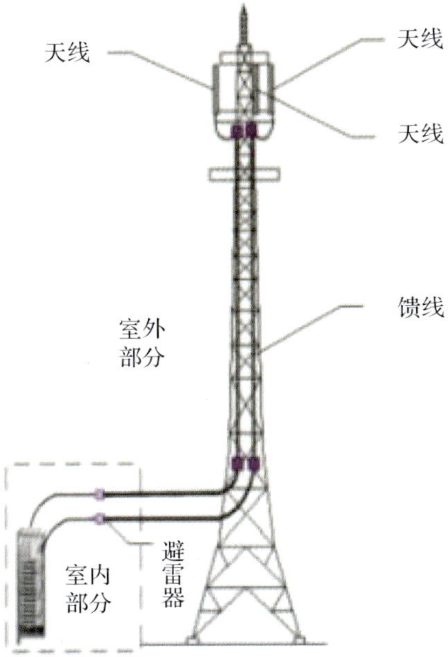

图2-2　移动通信基站的组成

图2-3　收发信机

三、布满了“蜂窝”的城市

移动通信网络主要为蜂窝结构系统，即将整个网络服务区域划分为若干小区，每个小区分别设有一个或多个基站，用以负责本小区移动通信的联络和控制等功能如图2-4 、图2-5所示。

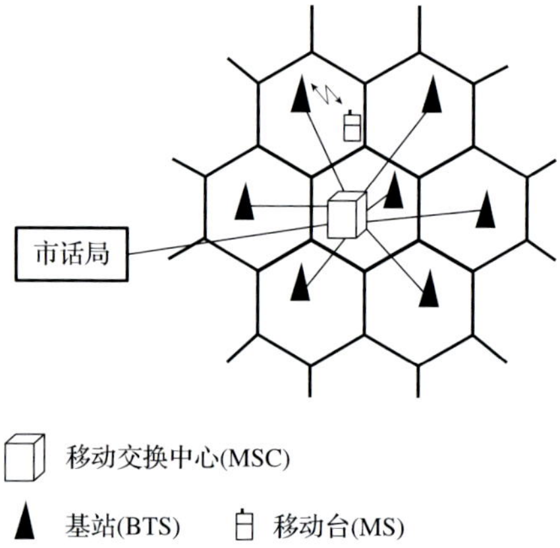

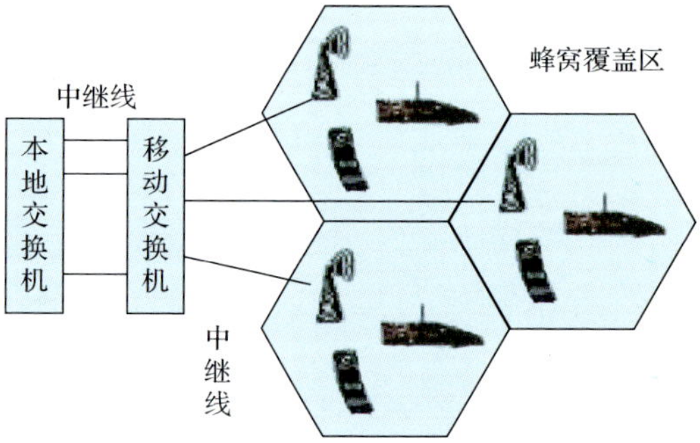

图2-4　移动通信蜂窝结构示意图(a)　图2-5　移动通信蜂窝结构示意图(b)

蜂窝移动电话系统主要由移动台（汽车电话、手机等），无线基站以及移动电话交换中心组成。每个小区基站均与移动电话交换中心连接，形成一个蜂窝移动电话网。移动电话网还与市内公用电话网以及国内、国际长途电话网相连，使移动电话用户不仅可以与网内的移动电话用户通电话，还可以与更大范围内的移动用户和固定用户通电话。

四、通信基站的限值标准

移动通信基站的工作频率在800 ~ 3 000 MHz范围内，执行我国《电磁环境控制限值》（GB 8702—2014）中的标准限值0.4 W/m^2。由表2-1中给出的数据可见，我国的电磁辐射标准与国际标准相比更加严格，已经给出了很大的安全裕量。实际的移动通信基站的电磁辐射水平满足我国电磁辐射相关的标准要求，对公众的身体健康无害。

表2-1 我国与国际电磁辐射标准(移动通信基站工作频率)

国家 / 组织	公众照射导出限值		
	标准（W/m^2）	以第三代移动通信基站，2 000 MHz为例	以第二代移动通信GSM基站，900 MHz为例
中国	0.4	0.4 W/m^2（即40 μW/cm^2）	0.4 W/m^2（即40 μW/cm^2）
国际非电离辐射防护委员会	f/200（2 GHz以下）	10 W/m^2（即1 000 μW/cm^2）	4.5 W/m^2（即450 μW/cm^2）
	10（2 GHz以上）		
欧盟	f/200（2 GHz以下）	10 W/m^2（即1 000 μW/cm^2）	4.5 W/m^2（即450 μW/cm^2）
	10（2 GHz以上）		
美国	f/150	13.33 W/m^2（即1 333 μW/cm^2）	6 W/m^2（即600 μW/cm^2）

注：f为以MHz为单位的频率值。

五、基站的电磁辐射特点

移动通信基站的电磁辐射主要有以下三个特点：

（1）电磁波在空间传播具有衰耗性，移动通信基站发出的电磁辐射随距离的增加快速衰减，在人们能够经常到达的区域，辐射水平均低于国家标准（0.4瓦每平方米），不会对居民的健康造成危害。

（2）基站天线电磁辐射具有较强方向性，移动通信基站发射的电磁波主要是对附近区域进行一个水平方向的覆盖，就像我们打开的一把雨伞，其向下方向的能量很小，同时建筑物也对电磁场具有较强的屏蔽作用。因此，建在楼顶的基站天线对楼内的居民不会带来影响。

（3）微蜂窝基站的发射功率比一般的移动通信基站小，其周围环境的电磁辐射强度也比一般基站的小。在微蜂窝天线附近公众活动的区域，电磁辐射功率密度值均小于国家标准限值。

六、世界卫生组织（WHO）告诉我们

2006年5月，世界卫生组织（WHO）发布了电磁场与公共卫生第304号实况报告《基站和无线技术》，报告指出："考虑到其极低的接触水平和迄今收集的研究结果，没有令人信服的科学证据表明基台和无线网络微弱的射频信号会造成不良的健康影响。"

2006年6月，WHO发布了《移动通信及其基站》的实况报告指出："最近的任何一项研究，都没有得出曝露于移动电话手机或其基站的射频场会对健康带来任何有害影响。"

2011年6月，世界卫生组织（WHO）发布了电磁场与公共卫生第193号实况报告《移动电话》指出，"在过去二十几年中，进行了大量研究以评估移动电话是否会带来潜在的健康风险。迄今为止，尚未证实移动电话的使用对健康造成任何不良后果。"

第二节　高压线和变电站电磁场曝露有害吗

一、需要光明的城市：电力的输送

电是一种自发电厂（火电厂、水电站、核电厂）产生的二次能源，由于人类还不能直接、大量地储存电能，因此电能的生产、输送和销售

必须同时完成。

电能从生产到消费一般要经过发电、输电、配电和用电四个环节。发电厂发出的电先由变电站升压后，经输电线路送往用电地区，再由变电站降压，经配电线路分送到各个用户。为了增大电能输送的距离、降低输电线路的电能损耗，发电厂生产的电能需要经过升压才能接入电网，电网将电能长距离输送到服务地区后，再由变压器分级将电压降下来，最后变成380 V三相电和220 V单相市电供用户使用（见图2-6）。

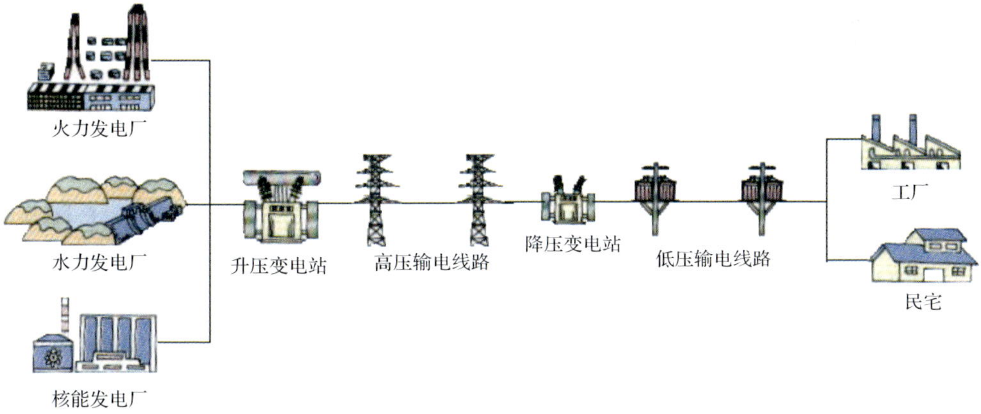

图2-6　电力输送示意图

二、认识电压等级

我国高压输电有交流和直流两种方式。在交流输电电压等级中，110 kV、220 kV称为高压，330 kV ~ 750 kV称为超高压，1 000 kV及以上称为特高压。在直流输电电压等级中，±400 kV、±500 kV、±660 kV称为超高压，±800 kV及以上称为特高压（见图2-7）。采用高电压等级输电，可以高效、高质量地把电送到更远的地方。

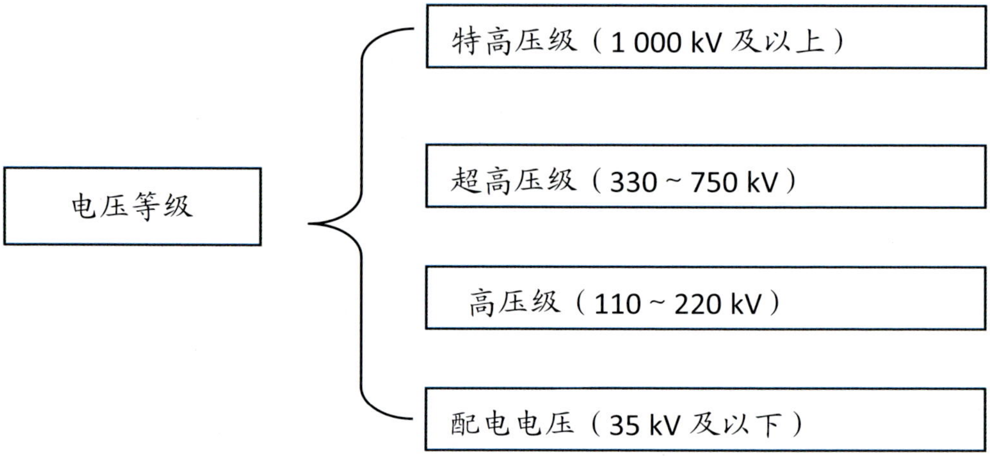

图2-7　电压等级分类

我国除了西北电网外，大部分电网的电压等级序列是500/220/110/35/10/0.38 kV。西北电网的电压等级序列分别为750/330/110/35/10/0.38 kV和220/110/35/10/0.38 kV。电能送到负荷中心后经过地区变电站降压到10 kV，然后再由10 kV配电线路输送到配电变压器，最后经过配电变压器将电压变成380 V供电力用户使用，对于单相用户，其相电压就是我们俗称的民用220 V交流电。

三、把变电站建在什么地方

按照供电要求，一个变电站只能覆盖一定的区域。随着城市的发展、供电可靠性和电能质量要求的提高，新建的变电站只有进入居民区，才能把电力输送到附近的居民家中，满足居民的用电需要。用一个比喻，社区的居民多了，公交公司就会在附近设置公交车站，满足居民需要。因此，很多变电站建设在社区周边或社区内。

四、高压输变电的标准限值

在输变电工程电磁环境管理中，目前执行《电磁环境控制限值》(GB 8702—2014)中的国家标准，在工频50 Hz其电场强度、磁感应强度值分别以4 000 V/m、0.1 mT作为公众曝露控制限值（架空输电线路下的耕地、园林、牧草地、畜禽饲养场、养殖水面、道路等场所，其电场强度的控制限值为10千伏每米（kV/m）。我国电磁环境标准的制定，参考ICNIRP标准并留有余量，制定了比ICNIRP曝露限值相对严格的标准。

也就是说，我国的电磁环境标准，比ICNIRP标准留有更大的安全裕度。我国在城镇区附近建设的输变电设施，执行了严格的电磁环境标准，其电磁场的电磁辐射水平不会对人体产生有害影响。

我国与国际输变电设施的电磁环境标准见表2-2。

表2-2 我国与国际工频电磁场标准

国家/组织	公众曝露限值	
	工频电场	工频磁场
中国	4 000 V/m	100 μT
国际非电离辐射防护委员会	5 000 V/m	200 μT
欧盟	5 000 V/m	100 μT
澳大利亚	5 000 V/m	100 μT

五、输变电线路的电磁场

输电线路周围的电磁场与线路高度、线路的排列方式和与线路的距离等均有关系。除此以外，电场强度主要取决于线路电压，磁场强度主要取决于线路中电流大小。一般来说，在同等条件下电压等级越高对周围电场环境的影响越大，电流越大对周围磁场环境影响越大。

通过实地监测，500 kV及以上输电线路相对500 kV以下输电线路产生的电磁场影响较大，但其数量少，距离城区更远。各电压等级输电线路附近居民区的电场强度都低于4 000 V/m的环境控制水平；输电线路附近的磁感应强度均小于0.1 mT的电磁环境控制水平。

六、变电站的电磁场

变电站周围电场强度和磁场强度随着距离的增加而减小。一般情况下，电压等级越高的变电站产生电磁环境影响越大，户外变电站的影响大于户内变电站。我国各电压等级变电站附近的居民区电磁场均满足4 000 V/m和0.1 mT的环境控制水平。

35 kV以下的线路和变电站属于配电设施，这类设施周围的电磁场水平更是低于国家标准规定的控制水平，并且100 kV以下的电力设施在环保方面是免于管理的。

七、世界卫生组织（WHO）告诉我们

近40年来，在国际范围内已对此进行了大量研究，其中世界卫生组织（WHO）组织世界上40多个国家历时10年开展的“国际电磁场研究计划”和美国全国环境卫生研究所（NIEHS）历时6年完成的“电磁场研究与公众资料传播计划”均已通过各种方式发表了他们的官方观点，明确指出：没有足够证据证明长期曝露在公众曝露和职业曝露水平的电场和磁场对人体是有害的，或是会引起包括癌症在内的疾病。

第三节 其他设施的电磁场

一、广播电视设施的电磁辐射影响

广播电视发射设施主要包括中波广播发射台、短波广播发射台和调频广播电台、电视台。

中波广播发射（见图2-8、图2-9）功率较大，采取地波传播方式，传播过程中电磁波衰减相对较慢，由于中波广播电台厂址面积和控制区范围较大，因此，控制区域外环境中的电磁场水平满足国家标准要求。

图2-8 中波发射塔（a）

图2-9 中波发射塔（b）

短波（见图2-10）利用天波传播，电磁波主要向天空发射，其传播是通过电离层对电波的反射实现的。在长距离的传播过程中，短波的衰减较大。而且，短波电台厂址往往设在郊区，对环境的影响相对较小。

图2-10　短波天线

调频广播和电视发射塔（见图2-11）采用直射波传播方式，虽然发射功率大，但是天线架设高度很高，且由于发射频率较中、短波高，电磁波衰减相对更快，对公众能够到达的地方电磁环境影响较小，通常小于0.1 W/m^2。

图2-11　电视发射塔

二、卫星地球站、雷达的电磁辐射影响

卫星地球站的上、下行频率多使用6 GHz/4 GHz，目前正在推广的更高上、下行频率为14 GHz/11 GHz。卫星通信系统由地球站、卫星和用户组成，用于电话、电报、传真、电视和数据传输等通信业务。地球站是用户与卫星通信系统的接口，卫星在空中起中继作用，接收地球站发射上来的信息并返送回另一地球站，地面用户通过地球站访问卫星系统。卫星地球站天线的发射方向朝向天空，方向性很强，为微波定向通信，对周围的环境影响较小。雷达的频段范围一般为米波到毫米波波段。

雷达由发射机、发射天线、接收机、接收天线和处理、显示部分组成，发射机通过发射天线把电磁波射向空中，被位于发射方向上的空中物体反射；接收天线接收反射波，送至接收设备处理。雷达的功能与眼睛和耳朵相似，是利用电磁波探测目标的电子设备，用于导航、天气预报、军事等各种用途。雷达发射的电磁波射向空中，用于探测空中特定方向的物体，在公众能够到达的区域，雷达所形成的电磁辐射是满足国家标准要求的。

三、交通系统的电磁环境影响

常见的、利用电磁能的交通工具有无轨电车、地铁、磁悬浮列车、电气化铁路等，无轨电车通过集电杆接触600 V直流架空电缆供电；地铁一般采用轨道旁边、站台下方的750 V直流供电；中低速磁悬浮列车使用轨道下方的1.5 kV直流电缆供电；电气化铁路使用轨道上方的27.5 kV单相交流电供电。这些交通工具看上去千差万别，其原理都是将各种电

能进行转换，最后利用电动机牵引列车行驶，对于磁悬浮列车，还要用直流线圈产生的磁力将列车悬起。

轨道交通系统的电磁影响主要来自两方面：一是轨道交通的供电系统（如电气化铁路上方的供电线路），二是车体上将电能转化为动能的电动机等设备。轨道交通系统使用的都是电压等级较低的供电方式，而电动机等设备一般安装在车厢底部。轨道交通正式运行都是按照相关标准进行试运行，监测是达标的。

四、工科医设施的电磁环境影响

工科医设施是指用于工业、医疗、科学研究的电磁设备。例如高频冶炼炉、塑料热合机、理疗仪、核磁共振设备等。工、科、医电磁辐射设备大多数处于职业场所，与公众生活环境相距较远，同时根据电磁场的特点，电磁设施随距离衰减很快，所以一般来说，工科医设施不会对公众健康产生影响。

第三章 电磁环境的管理及公众关注问题

第一节　我国电磁环境的监督管理

我国政府和环保部门十分重视对电磁环境的监督管理：

（1）为了避免发生电磁污染对环境造成危害，确保人民的身体健康，规定了环境中公众可以接受的防护水平上限的公众导出限值或评价标准。

（2）对新建、改建、扩建电磁设备（设施）建设项目，如高压输电线路、变电站、广播电视等，要求建设单位对项目产生的电场、磁场、电磁场对环境造成的影响进行环境影响评价，提出防止污染的有效措施，以确保建设项目所在地周围居民活动空间以及其他环境敏感目标中的电磁环境符合国家标准。

对于环境影响很小的电磁设备（设施）如微蜂窝基站、小区变电站等都是环保豁免管理的。

（3）建设项目建成投入运行前，环境保护部门对建设项目进行环保竣工验收，经验收合格的方批准其正式投入运行。

（4）在环境中和已建的电磁设备（设施）周围设立电磁环境常规

监测点，长期监测环境中电场、磁场、电磁场的变化。

（5）处理来电、来信、来访，发现环境中电场、磁场、电磁场不符合国家标准的，及时进行查处。

第二节　其他可能关心的问题

一、在输变电设施附近打手机会受影响吗

信号被干扰的前提是干扰源频率或其谐波频率（谐波是指输变电系统会产生频率为工频50 Hz整数倍的电磁信号）相近或相同。输变电设施周围电磁场的频率为50 Hz，而移动通信频段为800 MHz～3 000 GHz，因此，手机信号不会受到工频电场、工频磁场的干扰。公众平时在输变电设施附近接听手机，会出现有时接听不清楚的情况，主要是因为手机信号在这个区域较弱造成的，和我们平时在家里某个房间或角落接听手机也会出现不清楚的原因是一样的。

二、输电线路会给临近的房屋引来雷击的危险吗

雷电是一种很常见的自然现象，雷电活动一旦对大地产生放电，便会引起巨大的热效应、电效应和机械力，而造成巨大的破坏。而输电线路分布很广，地处旷野，绵延数百公里，很容易遭受雷击。线路落雷后，沿输电线路传入变电站的侵入波会威胁变电站的电气设备，造成重大事故。因此，输电线路在设计、运行中都有严格的防雷要求，包括架

设避雷线、安装自动重合闸、增强线路绝缘、加强管理与检修等。

由于输电线路的铁塔较高，并在整条线路中都设有专用的避雷线，出现雷电天气时，可将雷电吸引到自己身上来，并将其安全导入地下去，从而起到屏蔽作用。因此，输电线路不仅不会给临近的房屋引来雷击，反而会在一定程度上形成“保护伞”。

三、电视机和显示器的电磁辐射会影响我们的健康吗

计算机屏幕和电视机有着相同的工作原理，都会产生静电场和不同频率的交变电场。目前广泛使用在笔记本电脑和台式机上的液晶显示屏产生的电磁场要小得多。现代计算机的液晶屏幕使静态场达到家中和工作场所的一般本底值水平。在距离30～50 cm的操作位置，交变电磁场的工频磁感应强度值一般也低于0.7 μT，工频电场强度一般低于1 V/m到 10 V/m。

四、无线局域网电磁辐射有多强

无线局域网（WLAN），即以无线方式构成的局域网，工作于2.4 GHz或5.8 GHz频段，峰值功率200 mW，平均功率随流量变化，但较峰值功率要小得多，属于高频段小功率发射体。无线局域网络，在家庭、办公室及许多公共场所（机场、学校、居民区和城市地区）越来越常见。在使用无线局域网天线附近的家中或办公室中，功率密度监测值低于此频段0.4 W/m^2（2.4 GHz时）的国家标准限值。

世界卫生组织在《电磁场与公共卫生 基台和无线技术》（实况报道 第304号 2006年5月）中指出：由于无线网络与基站相比产生的射频

信号一般较低，接触这些信号预计不会产生不良健康影响。考虑到基站和无线网络极低的接触水平和迄今收集的研究结果，没有令人信服的科学证据表明基站和无线网络微弱的射频信号会造成不良的健康影响。

五、节能灯的电磁辐射水平如何

节能灯的工作电流频率大致在40～100 kHz范围内，而且是多频率源。有关机构曾经从上海大型商场、超市以及大型专业灯具市场购得基本覆盖上海企业及部分外地企业生产的国内、国际知名品牌产品共87个样品，按照IEC 62493:2009《与人体电磁场曝露有关的照明设备评价》国际标准进行了测试与评价。结果显示，所有样品全部符合国际曝露标准。

六、移动电话电磁辐射有危害吗

移动电话和基站的曝露状况很不相同。移动电话对用户的射频辐射远远高于基站对其附近居民的辐射。然而，除了断续发送信号与附近的基站保持联系外，手机只有在通话时才发射射频能量，而基站需要持续发送信号。

移动电话是低功率射频发射器，最大发射功率在0.2～0.6 W范围内。射频场强度（即用户射频曝露水平）随着与手机的距离增加而快速下降。因此，将移动电话放置在远离头部数10 cm处(使用免提产品)，其射频曝露对用户产生的影响远远低于将手机直接放在头边所产生的影响。手机射频曝露对使用者周围人群是影响很小的。

除利用“免提”装置使移动电话与头部保持一定距离以外，控制通话次数和时间，也会减少射频照射。在手机信号好的地点使用电话，也能减少射频曝露。因为信号好，移动电话内置天线的发射功率就会降低。

世界卫生组织在《电磁场与公共卫生 移动电话》（实况报道 第193号 2014年10月）中指出：二十年来，国际上进行了大量研究以评估移动电话是否有潜在的健康风险。迄今为止，尚未证实移动电话的使用会对公众健康造成任何不良后果。

七、微波炉的辐射影响大吗

家用微波炉利用一种电子真空管——磁控管，产生2 450 MHz 的电磁波，通过微波传导元件——波导管，发射到炉内各处，被食物吸收，引起食物内的极性分子（如水、脂肪、蛋白质、糖等）高速振动，并由振动使食物内部产生热量，将食物烹熟。

微波炉自身的屏蔽能有效降低电磁辐射的泄漏。国家制定了微波炉产品标准，符合标准的微波炉不会对使用者产生危害。

八、电吹风工作时会产生电磁场吗

吹风机是由一组电热丝和一个电机小风扇组合而成的。通电时，电热丝会产生热量，风扇吹出的风经过电热丝，就变成热风。电吹风在工作过程中主要是由电机产生低频电磁场，在实际使用中，人体通常离电机距离约为20 cm，此距离通常测值较小，根据对1 000 W电吹风在10 cm距离的测量，电场强度约为10 ~ 30 V/m范围，磁感应强度约为1 ~ 5 μT，远小于电场强度4 000 V/m和磁感应强度100 μT的国家标准限值，并且通常在实际使用的过程中，时间不会超过半小时，其电磁场具有足够安全的保障，完全没有必要担心。

九、待机状态的家电有电磁辐射吗

家用电器待机时处于通电状态，也会产生电磁场。尽管我们不必担心家用电器待机时产生的电磁场，但家用电器待机状态时仍然消耗电能，从节能环保的角度讲，建议在不使用时，应及时关闭电源，节约能源。

十、我们需要对家电的电磁场采取安全防护措施吗

正规生产厂商生产的家用电器产品要经过质量检验部门的检验，其运行产生的电磁场会保持在一个安全水平内。因此，在按照生产厂商说明书正确使用的前提下，无需采取额外的防护措施。本着“可合理达到尽量低”的原则，在使用移动电话、电热毯、电磁炉、吹风机、微波炉等家电时，可注意减少使用时间、增加使用距离。